绿色星球
THE GREEN
PLANET

水生世界

［英］丽莎·里根 文　　管靖 译

科学普及出版社
·北　京·

北京市版权局著作权合同登记　图字：01-2024-3154

图书在版编目（CIP）数据

绿色星球 . 水生世界 /（英）丽莎·里根文；管靖
译 . -- 北京：科学普及出版社，2024.7
ISBN 978-7-110-10714-0

Ⅰ . ①绿… Ⅱ . ①丽… ②管… Ⅲ . ①水生植物–少
儿读物 Ⅳ . ① Q94-49

中国国家版本馆 CIP 数据核字（2024）第 066416 号

食物、氧气、雨水、衣服、建筑……**我们生活中的一切都离不开植物。**

植物是地球上生命的基石，它们对于这个星球上的生命至关重要。

数亿年前，植物最早是在水中出现的，虽然后来大多数植物逐渐迁移到了陆地上，但仍有一些植物生长在水中。

这本书将带我们一睹迷人的水下绿色世界，了解水生植物所面临的挑战。

植物的组成

水生植物的生长环境虽不寻常，但它们与陆生植物具有相同的基本结构，其组成部分通常也包括根、茎、叶，以及繁殖所需的花。

水生植物的根可以起固定作用，防止其漂浮不定。根部生长着细小的根毛，能帮助植物吸收无机盐。

茎是将无机盐从根输送到叶的通道。有些陆生植物可能需要坚硬而强壮的茎来支撑自己保持直立，但水生植物的茎往往更加灵活柔韧，可以在水流中弯曲。

花帮助植物繁殖。它们通常利用强烈的气味和鲜艳的颜色来吸引昆虫、鸟类等传粉者。开花植物在繁殖过程中会产生种子，有时候，结果是繁殖过程的必要环节。

水生毛茛在花期到来时会长出特殊的坚硬笔挺的茎，把花朵托举出水面，吸引传粉者。

菱叶丁香蓼的叶片漂浮在水面上，仿佛攒簇在一起的小木筏。

植物通过叶子获得阳光，并吸收二氧化碳，将它们转化为"食物"（请参阅第 8 页）。此外，叶子还是植物的"废物处理器"，负责排出制造"食物"过程中产生的氧气和体内多余的水分。

花朵的每部分组成都有不同的功能。雄性生殖结构产生花粉（一种细小的颗粒状物质）。雌性生殖结构生成胚珠。植物的花粉需要从一朵花的雄蕊转移到另一朵花的雌蕊，或从同一朵花的雄蕊转移到雌蕊，这样才能完成受精。

植物的雄性生殖结构叫作雄蕊，由花丝（像细小的茎）和花药（产生花粉的地方）组成。

柱头

花丝

花药

花柱

子房

植物的雌性生殖结构是雌蕊，由柱头、花柱及子房三部分组成，雌蕊的基本组成单元叫心皮。

生命周期

植物受精后可以产生种子。有些植物会把种子藏在果实里，果实不仅保护种子，还能助力种子传播。因为果实被动物吃掉后，种子会跟着动物移动到其他地方，然后随粪便排出。

所有生物都在尽力求生，奋力成长，竭力通过繁殖，代代延续，生生不息。植物也不例外，一株成功生存下来的植物能够通过传播种子或者无性繁殖来产生更多的后代。

产生种子和结出果实需要消耗大量能量。一些植物会冒险减少果实数量，以确保结出更美味的果实，吸引动物前来食用，让种子有更大的可能性被带到环境适宜的地方发芽和生长。

还有一些植物虽然能够开花结果，但大多数时候不选择这种繁殖方式，而是选择无性繁殖。浮萍（见上图）就是这样。它能够自我复制并产生数以千计的相同"副本"，迅速覆盖水流缓慢的大片水域。一株浮萍可以在短短两周内无性繁殖出 17 500 株新个体。

单单一株香蒲就能产生 22 万颗种子。

另一些植物则追求数量而不是质量，香蒲就是其中之一。每一株香蒲都产生几十万颗种子，这些种子非常轻，微风一吹便飘散四方。它们之中有很多可能永远都找不到适合生长的地方，即便如此，依然会有足够多的种子生根发芽，使物种得以延续。

扫码看视频

开花的水生植物，例如这株睡莲，利用昆虫传粉。

阳光就是生命

扫码看视频

和其他生物一样，植物也需要食物。然而，植物无法像动物那样起身去寻找食物，但它们能通过光合作用自己制造食物。除了植物，藻类和某些种类的细菌也会进行光合作用，光合作用产生氧气，供动物生存所需。

植物的叶片上遍布着称为气孔的微小孔隙。植物利用气孔吸收二氧化碳，制造食物。

有阳光，植物才能进行光合作用。由于水会阻挡阳光照射到水生植物，所以水生植物的生存尤为不易。然而，亚马孙河流域巴西境内的里奥克拉罗河（见上图）河水足够清澈，不仅植物能照到阳光，进行光合作用，而且我们能看清光合作用发生的过程。植物释放的氧气不断在水中形成气泡，河水因此嘶嘶作响，充满活力。

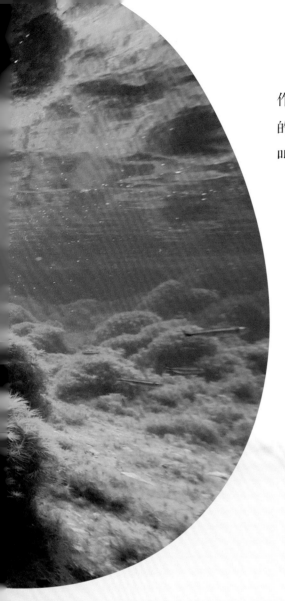

我们利用显微镜可以看到，叶子的细胞中存在着一种叫作叶绿体的细胞器，叶绿体吸收光能并把它转化为植物可用的能量，以糖的形式储存起来。叶绿体中含有一种绿色色素，叫作叶绿素，所以大多数植物是绿色的。

光合作用发生时，氧气会随之产生并从叶子中逸出，进入周围环境。

除了氧，碳也是生命的一个重要的元素，对于植物和动物来说都是如此。碳储存在植物体内，形成植物的茎和叶，当植物被动物吃掉后，碳会转移到动物体内。碳也储存在海洋和大气（以二氧化碳等气体的形式）中。碳通过碳循环，从一个地方转移到另一个地方。

地球上的碳总量不变，但储存在不同地方的碳量会发生变化。例如，当大量化石燃料燃烧时，储存在其中的碳会以二氧化碳等气体的形式释放到大气中，破坏原本的碳氧平衡，引起气候变化，导致全球气候变暖等问题。

水生世界

　　地球表面近四分之三被水覆盖，但水域并不适合植物生长。尽管如此，无论是在湍急的河流中，还是在平静的池塘和湖泊中，植物都能适应环境，成功生存。有些植物可以在咸水中生活，还有很多植物则生长在淡水中。

水下对于植物来说似乎是一种恶劣的环境，但生活在水下其实有它的优势——许多陆生植物需要努力获取足够的水分，而水生植物显然不需要担心缺水。同时流动的水也能给植物提供必需的营养成分和氧气。

生活在水面的植物往往远离遮挡阳光的高大树木，因而不必像一些陆生植物，要等阳光穿透树冠才能照射到它们。

当然，水生植物也面临生存挑战。水流过快会让植物很难停留在固定的地方。湍急的溪流或河流常常将植物连根拔起甚至带走，让它们随水流被抛到河岸或逐渐沉入河底。

水生毛茛的白色花朵开在水面之上，而水面之下，它柔韧的茎可以随着水流灵活摆动。

大薸的叶子覆盖着细细的茸毛，松软如海绵，因而不易沉入水底，可以漂浮在水面收集阳光，进行光合作用。

另外，水位的变化也给水生植物带来挑战。水生植物必须适应水位的上升和下降：水位高时，它们可能完全浸没在水中；而水位低时，它们的茎和叶则露出水面，植物往往会选择在这段时期开花，传粉。

这是哥伦比亚卡诺克里斯塔尔河，它被称为"地球上最美的河流"。

这条南美洲的河流有一个河段以其彩虹般的颜色而闻名。它的缤纷色彩一部分是因为河里的沙子和岩石，但主要还是来源于生活在这条河流的一种季节性开花植物——虹河苔。在每年雨水充沛、阳光充足的时节，虹河苔会呈现出绚烂的色彩。这种植物一年四季都附着在岩石上，会在河流水位下降时开花。

水中生活

特别的栖息地总会有相应的特色植物。无论植物生活在沙漠、城市还是水中，它们都有能力适应环境。在水中世界总能找到一些非常有趣和具有超能力的植物。

茅膏菜生长在沼泽地，这种环境可能缺乏植物所需的营养物质。茅膏菜会捕捉昆虫，给自己"加餐"。它们的叶子上有长长的红色腺毛，能够分泌黏性液滴，粘住昆虫。茅膏菜种类很多，分布在欧洲、北美洲、南美洲、亚洲、非洲南部和大洋洲。

有些水生植物可以覆盖大片的开阔水域，大薸就是其中之一。大薸能够自我复制并迅速蔓延，占据水面，让附近的其他水生植物陷入困境。同时它的根系巨大，在水下纠缠成团，不仅能供给充足营养，还能进一步挤占生存空间。

这种食肉的茅膏菜用黏性腺毛来捕捉猎物。

在世界上其他地方，凤眼莲和大薸被视为侵占当地生态系统的外来入侵物种；但在巴西的潘塔纳尔湿地，它们则是本土原生植物。

凤眼莲

麝雉一次能吃下大量植物，饱餐后胃的重量能达到其体重的四分之一。

凤眼莲也是参与水面争夺赛的有力竞争者。这种植物最初发现于南美洲的亚马孙平原，如今已经广泛传播。在巴西，对于蜘蛛猴以及"臭鸟"麝雉这些动物，凤眼莲是它们宝贵的食物来源。

麝雉主要吃叶子和嫩芽，在它们的消化系统前端有一个发酵腔，里面有微生物，能帮助麝雉分解植物，分解过程中会有难闻的气体产生。因而麝雉得到了"臭鸟"这个绰号。

生存不易

在水中生存对于植物来说实在不易：水中会缺少营养物质和光照，植物有可能被水流冲走。来看看水生植物是如何顽强地应对挑战，在水中生存的。

这株大薸正随着水流移动。

它有柔软的、充满空气的叶子，它的根可以自由漂浮，所以它能够在水中"穿行"。

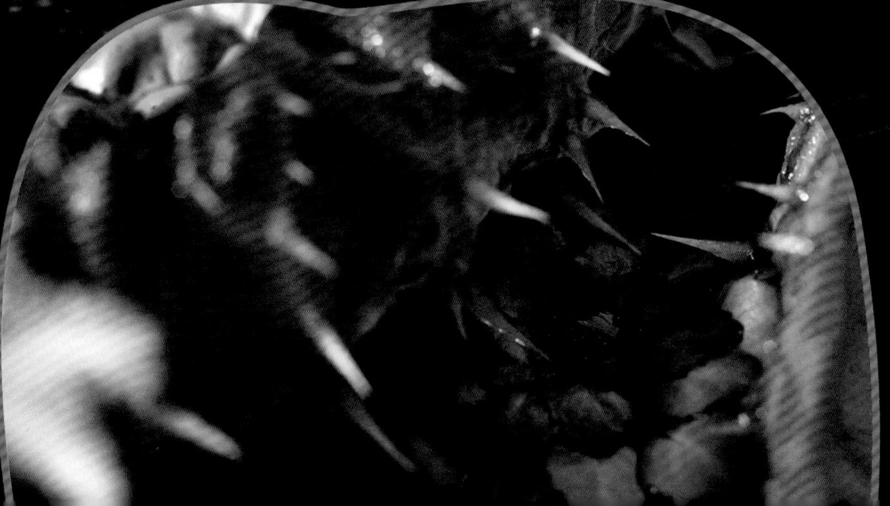

王莲的叶子背面长有锐刺，两片叶子靠在一起生长，可以压碎两片叶子之间的任何东西。比如左图中惨遭夹击的这一株菱叶丁香蓼。

川苔草科植物只有在巴西罗斯福河水位下降时，才会露出水面。它们能够在水下进行光合作用，但只有露出水面时，它们才会开花。

生长在湍急河流中的植物，要么随波逐流，要么紧紧依附在河底岩石上。

有时，河流水位上升会使原本扎根在河底的植物漂浮起来。它们的茎和叶能产生足够的浮力，可以带着它们固着的岩石一起去河流下游。

湿地之最

扫码看视频

潘塔纳尔湿地是地处南美洲热带腹地的一片自然保护区，是世界上面积最大的内陆湿地，大小与柬埔寨相当。潘塔纳尔湿地大部分位于巴西境内，也有小部分位于玻利维亚和巴拉圭。在这里，每年如约而至的洪水为动植物创造了资源丰富的栖息地。

潘塔纳尔湿地主要有两季：旱季和雨季。对于水生植物来说，必须利用雨季来扩大自己的生存空间。

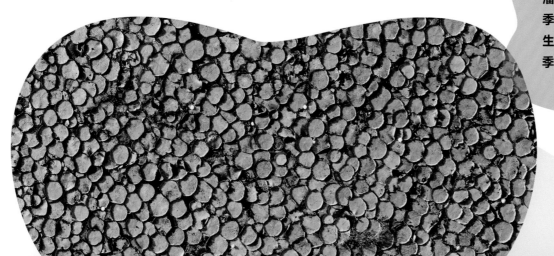

潘塔纳尔湿地里生活着地球上最大、最绿、最美丽的植物。这里看似是宁静的家园，实际却是暗潮汹涌的战场。这片水域富含矿物质，充满了沉积物，水下光照少。因此，这里的水生植物不得不为了争夺阳光而展开厮杀。

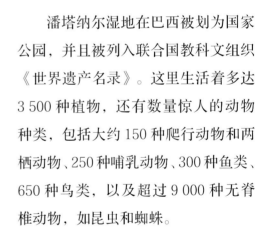

凤眼莲、大藻和王莲等植物在潘塔纳尔湿地很常见，它们都有自己的生存策略。凤眼莲生长迅速，在水面上占据尽可能大的地盘；大藻长着庞大的根系，在水下抢占更多的生存空间。

潘塔纳尔湿地在巴西被划为国家公园，并且被列入联合国教科文组织《世界遗产名录》。这里生活着多达3 500种植物，还有数量惊人的动物种类，包括大约150种爬行动物和两栖动物、250种哺乳动物、300种鱼类、650种鸟类，以及超过9 000种无脊椎动物，如昆虫和蜘蛛。

潘塔纳尔湿地比亚马孙雨林拥有更丰富的物种多样性。

王莲是潘塔纳尔湿地的标志性物种。王莲的叶子巨大，每片直径可以超过 2 米。王莲的花朵深受金龟子科甲虫喜爱，是它们觅食和交配的理想场所。

20

王莲的花会散发强烈的气味来吸引甲虫。它们甚至还能产生热量，让气味传播得更远，也为甲虫提供了舒适的过夜场所。留宿的甲虫会粘上花粉，第二天把花粉带到另一朵花上。

王莲是潘塔纳尔湿地的"恶霸"。它起初不过是一株小芽，但从那一刻起，它就已经做好战斗准备。这种植物以惊人的速度生长，赢得了水面的空间争夺战。

"**都给我让开！**"王莲霸气十足。它的叶芽上长满了刺，生长时如同一根狼牙棒在乱舞，把挡在自己面前的其他植物打得落花流水。

扫清了障碍，现在，叶子登场了。一株王莲最多能长出40片叶子。一片叶子每天可以向外扩张20多厘米，很快就遮盖了水面，挡住了阳光。

每片叶子都舒展成一个巨大的带刺圆盘，所到之处，其他竞争者要么被碾压，惨遭灭顶之灾；要么被切断，身首异处，最后只剩下王莲独占水面的阳光。

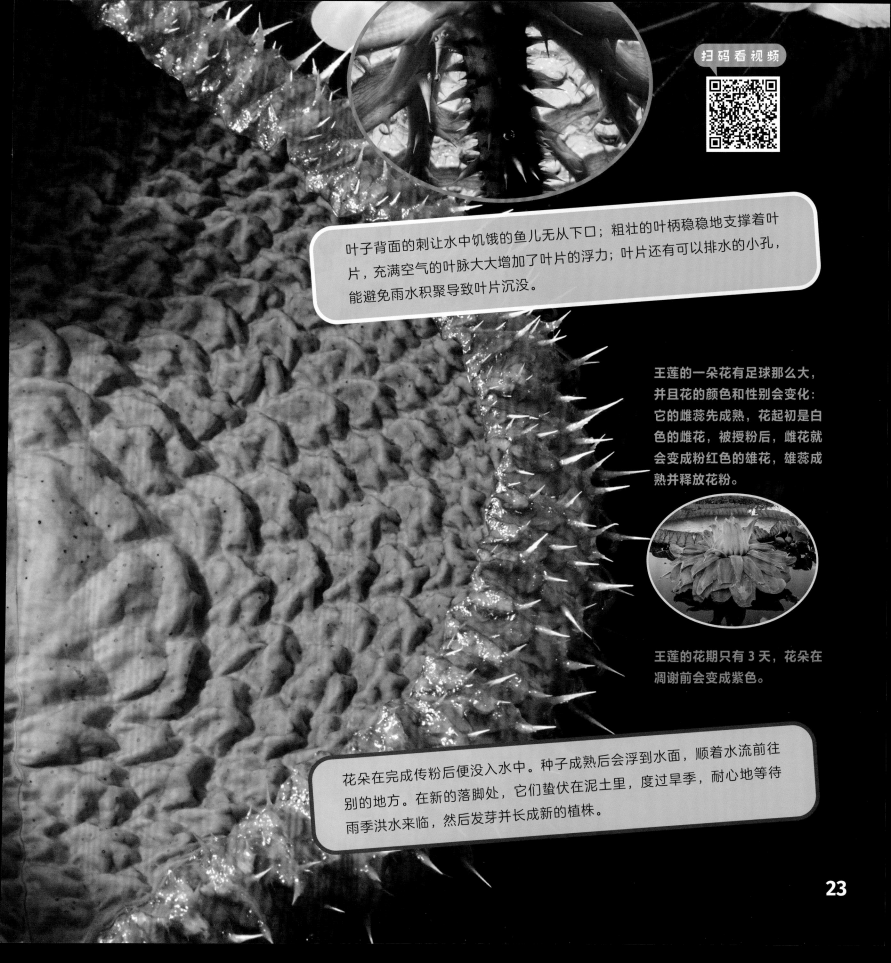

扫码看视频

叶子背面的刺让水中饥饿的鱼儿无从下口；粗壮的叶柄稳稳地支撑着叶片，充满空气的叶脉大大增加了叶片的浮力；叶片还有可以排水的小孔，能避免雨水积聚导致叶片沉没。

王莲的一朵花有足球那么大，并且花的颜色和性别会变化：它的雌蕊先成熟，花起初是白色的雌花，被授粉后，雌花就会变成粉红色的雄花，雄蕊成熟并释放花粉。

王莲的花期只有 3 天，花朵在凋谢前会变成紫色。

花朵在完成传粉后便没入水中。种子成熟后会浮到水面，顺着水流前往别的地方。在新的落脚处，它们蛰伏在泥土里，度过旱季，耐心地等待雨季洪水来临，然后发芽并长成新的植株。

一睹芳容

哥伦比亚境内的卡诺克里斯塔尔河又被称作"流动的彩虹""彩虹河""五色河"，它著名的粉色及红色色调来自生长在岩石河床上的虹河苔。

这条河水流湍急，给植物的生存带来困难。不过，虹河苔具有一种特殊的根——固着根，可以牢牢地固定在岩石上。这种根会分泌一种天然的"强力胶"，粘在岩石上，即使河水水位上涨，高于正常水平，虹河苔也不会被水流冲走。它的根系牢牢地抓住岩石，也许没等植株从岩石上脱落，岩石倒先裂开了！

卡诺克里斯塔尔河位于哥伦比亚中部，安第斯山脉以东，长度约100千米。哥伦比亚是世界上唯一一处虹河苔自然生长的地方。

扫码看视频

虹河苔的固着根很坚韧，它的叶子却精致纤弱，像蕾丝一样。这些叶子能发挥根的作用，从水中而不是土壤中吸收养分。

光照充足时，虹河苔呈红色或者粉红色，或介于两者之间深浅各异的颜色。如果生长在背阴的地方，那么它看起来更像绿色的苔藓。

果实盛宴

对于水生植物来说，散播种子似乎不是什么难事。只要种子能够漂浮，就可以被水流带走。然而，顺流而下意味着它们最终可能会流入大海，无法生根发芽。那么，种子有没有可能逆流而上，被带到河流上游呢？

南美洲的一些植物结出的果实会招来猴子，黑帽悬猴喜欢吃各种果子，这些植物的果实被黑帽悬猴吃下后，种子不会被消化，而是会留在猴子体内，跟它们去往河流上游，最后随粪便排出。除了黑帽悬猴，当地的一种叫作希氏石脂鲤的鱼也爱吃这些美味的果实。当饥饿的黑帽悬猴在树上大快朵颐时，有不少果实会掉进下方的河里，而河里的希氏石脂鲤绝不会错过这些天降美食。

希氏石脂鲤生活在巴西的博尼图河。这条河位于亚马孙河以南 1 600 多千米处，河水清澈无比。

博尼图河水如此清澈，希氏石脂鲤可以清楚看到树上的黑帽悬猴以及它们吃的果实。

除了等待果实掉落，希氏石脂鲤还可以用一种令人叹为观止的方式，从悬垂在河流上方的树枝上摘取果实——它们会冲出水面，跃到空中，直接从树上摘下果实。这可是个熟能生巧的"技术活"，它们瞄准小小的果实，精准地判断距离，并在跳跃和旋转的过程中适时做出细微调整，以求一跃即中。

扫 码 看 视 频

希氏石脂鲤必须计算好跳跃的高度，并且在起跳后做出调整，因为光线由空气进入水里会发生折射，这会导致希氏石脂鲤对距离的判断出现一些偏差。

希氏石脂鲤饱餐之后就会离开，它们有洄游的习性，会在洪水上涨时逆流而上数千米。

种子会在鱼儿的消化系统中停留几天再被排出，从而被带到离母树足够远的新地方，并在那里落脚。

每到汛期，大量的希氏石脂鲤会向
河流上游迁徙。

29

滚来滚去

这些毛茸茸的绿球是藻类。它们并非植物，但和植物一样，通过光合作用来为自己制造食物。世界各地一些清澈的浅水湖泊中能看到它们的身影，我们看到的这些绿球位于日本的阿寒湖，那里有大约 6 亿个这样的绿球！

这些绿球原先并不是球状的，而是冬季冰冻的湖岸上扁平、绿色、苔藓一样的块状藻，名叫舟毛藻。

最小的舟毛藻只有核桃大小，但最大的可以长到篮球那么大。

随着冰渐渐融化，舟毛藻被流水带进湖里，开启了水下之旅。奇迹就是从这里开始的——舟毛藻慢慢长大，在水流的裹挟下旋转、移动，逐渐成形，越来越接近球状。

扫码看视频

30

可舟毛藻的水下旅程并非一帆风顺。
舟毛藻营养丰富，逗留湖中的大天鹅非常喜欢吃，它们会伸长脖子，把头探到水下去捞舟毛藻。

舟毛藻在水中有规律地下沉、上浮。它们进行光合作用时会产生氧气，这就像是给藻球充了气，使其上浮至水面，而这正是舟毛藻吸收阳光的最好时机。

一些其他藻类会不请自来，附着在舟毛藻表面。而舟毛藻可以通过不断的翻滚和碰撞，将不速之客赶走，让舟毛藻表面保持清洁。同时舟毛藻利用翻滚让表面各处都能照到阳光，从而可以更高效地进行光合作用，获得更大的生存概率。

神奇水洼

委内瑞拉的平顶山区是一个奇特而独立的世界。那里的动植物都要适应当地特殊的生存条件。这些山脉每天都有大量的降雨，山上土壤稀少，仅有的一点儿养分也很快被雨水冲走，难以留存。

50 多座平顶山高高耸立在委内瑞拉的热带森林中。

凤梨科植物广泛分布于热带地区，其中有一些扎根在土壤中，有一些生长在岩石上，还有一些则是附生植物，或者叫气生植物——它们生长在其他植物体上，并从空气中吸收营养。凤梨科植物有多达3 500个不同的种，有一些种类能够在平顶山山顶的恶劣环境中生存。

许多凤梨科植物都有一簇尖尖的叶子，可以收集雨水。土壤稀少导致根系周围难以保有水分，所以凤梨科植物靠叶簇来储水。叶簇中心的小水洼对青蛙和它们的宝宝小蝌蚪以及昆虫、蝴蝶甚至蝎子都很有吸引力。

有时，小昆虫会淹死在这些小水洼里，它们的尸体腐烂后能为凤梨科植物提供养分。有些访客虽然不会丧命于此，但它们造访时可能会留下粪便。这些粪便也能提供大量的营养物质，供植物吸收。

暗藏杀机

凤梨科植物叶簇中间的小水洼富含营养，因而吸引了别的植物到来。其中有一种植物会主动化身猎手，它们想方设法进入凤梨科植物的小水洼，然后布下陷阱……

这种植物就是洪堡狸藻。行动第一步，它先伸出探针似的卷须，探查周围环境，找寻小水洼，并判断其中是否存在可捕食的生物。

一旦找到了目标，洪堡狸藻就会进入自己认准的小水洼，在那里生长并发生神奇的变化——它的卷须会长出小小的"口袋"，这些"口袋"其实是捕虫囊，每一个只有针头大小。捕虫囊先通过吸取水分而成形，随后把囊内的水排出一部分，以形成真空。

每个捕虫囊都有一个开口，开口是一个类似陷阱门的机关，周围长有能够触发机关的毛状物。当捕虫囊准备就绪，洪堡狸藻剩下要做的就是等待。它们的猎物通常是微小的无脊椎动物，比如昆虫幼虫。

啪！

一只幼虫游近了。在经过捕虫囊时，它碰到了开口处的毛状物。机关触发，真空使捕虫囊开口内陷，幼虫瞬间就被吸了进去。

随着猎物慢慢被消化掉，洪堡狸藻的捕虫囊会重置陷阱，准备好捕捉下一个猎物。

扫码看视频

洪堡狸藻捕猎的速度如此之快，因而它们被称为地球上最敏捷的植物。

洪堡狸藻进食，生长，进而长出更多卷须。这些卷须又会爬进新的凤梨科植物的小水洼，潜伏，等待猎物上门。

别靠太近

和洪堡狸藻一样，捕蝇草也是一种食肉植物。但捕蝇草捕猎时并非以快制敌，而是从容不迫，颇有自己的章法。

捕蝇草的叶片边缘排布着可以咬合的刺毛，就像两排牙齿。它们能合拢叶片将潜在的猎物困住。

捕蝇草的叶片表面长有毛状物，能够帮助它们感知猎物。一旦时机成熟，捕蝇草可以在一秒内合拢叶片，将猎物困住。如果猎物被捕获，就会溶解在捕蝇草的消化液中，变成可被植物吸收的营养物质。

捕蝇草必须足够聪明，能准确判断合拢叶片的时机。因为除了猎物，还有各种各样的东西可能触发它的感应毛，比如沙砾、种子、叶子碎片。如果每次收到信号都合拢叶片，就可能浪费很多宝贵的能量，所以捕蝇草收到第一次信号后会等待20秒，看看在此期间感应毛是否会第二次被触发，如果再次收到信号，它就会合拢。

扫码看视频

叶片刚合拢时并不会完全关闭，任何小到能从狭窄的缝隙中逃走的猎物都不值得抓住不放，捕蝇草不会为此浪费更多能量。

然而，如果昆虫体形较大逃不出去，试图挣脱控制，就会多次触及感应毛。

一次，两次，三次，四次，五次……捕蝇草似乎会计数。当判断出猎物确实值得费力捕捉时，它会将叶片紧紧合上。

开花植物依靠昆虫传粉。如果来访的昆虫都被吃掉了，那么捕蝇草又靠什么来完成传粉呢？原来，它的花长在高高的茎上，与低处的叶片陷阱远远隔开。这样，飞到花朵上进行传粉的昆虫可以安然无恙，而在低处爬行的昆虫则会毫无防备地步入陷阱，沦为捕蝇草的盘中餐。

尽管捕蝇草举世闻名，但它们生长的范围仅限于地球上很小的一块区域。它们主要生长在美国北卡罗来纳州及南卡罗来纳州的沼泽地带。

沼泽地的土壤缺乏营养成分，因此捕蝇草不得不另辟蹊径，从别处获取生长的养分。

出淤泥而不染

莲分布在亚洲和大洋洲，与许多水生植物一样，它们已经适应水位变化，哪怕在一段时间内水完全干涸，它们也能够应对。

莲的种子生命力极其顽强，如果遇到干旱，它们就会静静地蛰伏在泥土里。即便没有水，这些种子也能存活数千年之久。

莲

终于，下雨了，水位渐渐上涨，莲也萌发新芽。莲叶钻出水面，而长柄会把部分莲叶和莲花高高地托举到水面上。

又下雨了……雨滴噼里啪啦地打在身上，莲却乐在其中。

莲叶蜡质的表皮能够防水，雨水落在上面大多形成水珠滚落，所以莲叶能趁着下雨好好洗个澡，洗刷掉身上的灰尘和污垢。

莲

莲和睡莲的花朵通常成群结队、争先恐后地开放。莲花花朵的直径可以达到 30 厘米，许多盛开的花朵连成一片，覆盖水面，蔚为壮观。

随着夜幕降临，睡莲的花瓣合拢。

闭合的花骨朵仿佛陷入了沉睡，直到天亮才醒来，再度绽放。

睡莲

莲和睡莲比较常见。莲的花色极少，常见的有粉红色和白色。睡莲的花色多样，国内常见的有紫色、紫红色、白色、黄色等，但也会有其他花色。

莲花生长在
根状茎上。根状茎是
一种长在地下的茎，它既能长
出根，也能长出叶和花。莲的根状茎
埋在浅湖或池塘底部的淤泥中。

危险的 "露珠"

在潮湿的沼泽地带，生长着不止一种食肉植物，除了前面提到的捕蝇草，还有茅膏菜。茅膏菜是地球上最大的食肉植物类群之一，除南极洲之外的各个大洲都能找到它们。

沼泽地里土壤蓄水充足，但植物生长所需的养分匮乏。因此，茅膏菜不得不寻找别的营养补给：昆虫。

茅膏菜分泌出的液滴在阳光下闪闪发光，好似清晨的露珠。它们还会散发出香甜的气味，来吸引昆虫。

茅膏菜大多能存活数年，但在适宜的环境中，它们衰败枯萎后还能一次又一次地重新焕发生机，有的甚至能活50年之久。

茅膏菜勺子一样的叶片上生有长长的腺毛，腺毛是红色的，顶端有一滴胶水似的黏性液滴。路过的苍蝇或蚊子极易被一颗颗红色"露珠"吸引，飞上前去，一碰到黏性液滴，它们就会被粘住，而且越挣扎，身上沾染的黏液越多，粘得越牢。

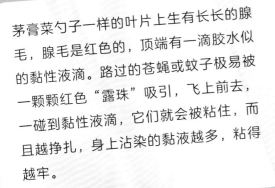

一旦有昆虫被粘住，叶片就会卷曲，将昆虫裹住，并分泌消化酶将昆虫分解。

扫码看视频

昆虫被分解后，植物便可吸收其中的养分。

为了生存，一株茅膏菜每年夏天需要捕捉多达 2 000 只昆虫。

生存危机

　　水生植物足够坚忍顽强，能够在严酷的环境下生存。但它们已经适应特定的环境，如果栖息地环境改变过大，它们就将无法生存。然而在很多地方，人类活动的干扰已经导致水域环境发生了巨大的变化，水生植物也因此面临生存危机。

　　人们砍伐树木，污染湖泊和海洋，改变河流的河道……这些行为打乱了自然界的平衡，尤其是对水域生态造成了破坏。树木减少意味着雨水会以更快的速度流过地表，冲走土壤并将它们带入河流，使曾经清澈的河水变得浑浊。

世界上登记在册的水坝有近 6 万座。研究表明，相比于森林砍伐，全球水坝导致了更多的植物灭绝。

修建大坝看似无伤大雅，毕竟水还在那儿。然而，它会改变河流的流动方式，进而影响整个河流生态系统。修建大坝也会破坏河流周边的自然栖息地，造成土壤营养物质流失，还会产生温室气体，并破坏碳氧平衡。

不过，有一种水生植物正在帮助逆转因人类活动带来的负面影响。在很多国家的海岸附近，海草（如右图所示）成片生长，形成广阔的海草林，产生新的碳汇。这种水下植物令人称奇：它吸收二氧化碳并利用碳来构建自己的根和叶，这样能防止过多的二氧化碳逃逸到大气中。海草林仅仅覆盖了海底面积的 0.1%，却存储着海洋中 11% 的碳。

这些"海洋森林"不仅能抵消地表碳排放，还可以为许多物种提供食物以及安全的栖息地。海龟、儒艮，以及鲨鱼和各种其他鱼类都会吃海草。从体形微小的海龙，到一些体形大得多的生物幼体，许许多多不同的物种都生活在海草林中。除此之外，成片海草还能减弱海浪，保持海床稳定。

海草从大气中吸收二氧化碳的速度比热带雨林植物快 35 倍。

科学家估计，一英亩（约 4 047 平方米）大小的海草林能够容纳 4 万条鱼和 5 000 万只无脊椎动物栖息。这着实是一个令人惊叹的海中奇迹，而且海草林还可能有助于对抗气候变化。

如今，我们已经认识到保护海洋、湖泊以及河流的重要性。科学家能够制定相应的保护方案，但这些方案能否坚持执行，能否取得成效，取决于我们每一个人的决心和行动。